AF563608

NOTES
ZOOLOGIQUES

PAR

GALIEN MINGAUD

Secrétaire général.
Lauréat de la Société. (Prix Camille Clément, 1891).
Lauréat de l'Académie des sciences et lettres de Montpellier.
(Prix Jules Lichtenstein, 1894).
Ancien délégué de la Société centrale d'Agriculture de l'Hérault pour l'étude du Phylloxera en 1870.
Correspondant du Ministère de l'Instruction publique.
Officier d'Académie.

Deuxième fascicule

SOMMAIRE

Dégâts occasionnés par l'**Anobium paniceum**. — Capture de **Platypsyllus Castoris** sur un castor du Gardon. — Nouvelle observation de jeûne chez une Couleuvre vipérine. — Nouvelle capture de **Platypsyllus castoris** sur un autre castor du Gardon. — **Application de l'entomologie à la médecine légale.**

Extrait du *Bulletin de la Société d'Étude des Sciences naturelles de Nimes.* N° 4. Octobre-Décembre 1895.

NIMES
IMPRIMERIE TYPOGRAPHIQUE Vve LAPORTE
Ruelle des Saintes-Maries, 7

1896

NOTES ZOOLOGIQUES

Premier fascicule

SOMMAIRE

Visite de MM. Milne-Edwards, Hamy et Gaston Darboux à la Société. — Jeûne d'une Couleuvre. — Lézards et Mantes. — Voracité d'un Ephippiger. — Lézards et Scorpions. — Fonctions des peignes des Scorpions. — Coléoptères nuisibles aux plantations de pins. — Lutte d'une Argiope fasciée avec une Mante religieuse. — Capture d'une Chélonée caouane. — Note sur deux monstruosités : Poussin et Agneau. — **Nouvelle capture de Castors en Camargue. Leurs mœurs actuelles. Différentes manières de les chasser. — Mœurs et métamorphoses de la Saga serrata. — La reproduction de la Genette en France.** — Paysage préhistorique au Muséum d'histoire naturelle de Nimes.

Extrait du *Bulletin de la Société d'Étude des Sciences naturelles de Nimes*. N° 4. Octobre-Décembre 1894.

NOTES ZOOLOGIQUES

Dégâts occasionnés par l'*Anobium paniceum* Lin (1).

Bulletin, p. LXVI. Séance du 4 octobre 1895.

J'ai le plaisir de vous présenter un bocal contenant des milliers d'*Anobium paniceum* Lin. (Coléoptère), et des *Chalcis* (*sp*?) (Hyménoptère) leurs parasites. Ces insectes m'ont été remis par notre collègue, M Gaston Darboux, qui les a recueillis autour de sacs de graines de Coriandre où ils se trouvaient à profusion. Ces Anobium ont détruit plus de 100 kilog. de Coriandre.

Les 12 espéces d'Anobium, qui se trouvent en France sont toutes nuisibles ; elles sont de très-petites tailles, — 4 à 6 millimètres — et de couleur terne. Leur nom vulgaire est « vrillette. » Elles vivent dans le bois.

L'*Anobium paniceum* seul fait exception : il vit spécialement de matières organiques azotées ou riches en amidon telles que les graines. On ne le trouve dans les tiges ligneuses (surtout dans les herbiers) que lorsque ces tiges renferment des réserves de matière amylacée.

Cet insecte est, quelquefois, tellement abondant dans les maisons et magasins qui renferment des provisions

(1) D'après la loi de priorité, suivie partout aujourd'hui, il faut dire *Byrrhus paniceus* Lin. Pour plus de clarté, cependant, je conserve le nom ancien d'*Anobium* compris de tout le monde.

qu'il y commet des dégâts très-sérieux, ainsi que dans les collections zoologiques et botaniques.

Cette année, il a été un fléau dans quelques villes du Midi où existent de grands approvisionnements de substances alimentaires, biscuits pour l'armée, etc., de produits bruts ou ouvrés, tels que harnachements, souliers et autres objets de cuir. On voit de suite qu'au point de vue d'une mobilisation rapide des troupes de réserve l'importance de ce petit ennemi est grande. M. le professeur Valéry Mayet, de Montpellier, consulté à ce sujet, a fait mettre les produits contaminés dans de grandes caisses de zinc, recouvertes de bois, bien closes, dans lesquelles on fait agir les vapeurs de sulfure de carbone ; celui-ci est contenu dans des assiettes creuses. Les caisses sont longues de $1^{m}50$ cent., larges de 0,70 cent., hautes d'autant, et facilement maniables par deux hommes.

Les produits restent un jour enfermés, temps reconnu largement suffisant pour tuer les insectes ; puis ils sont ensuite bien aérés, et ne conservent aucune mauvaise odeur si le sulfure de carbone ne les a pas touchés.

Pour les substances alimentaires l'exposition à la chaleur du four a seule été possible ; 70 à 80° suffisent.

J'ai pesé *un gramme* de cette masse d'Anobium et de Chalcis, — dont l'espèce est à déterminer, — et j'ai compté qu'il y avait **3366** Anobium et **1161** Chalcis. Ces minuscules hyménoptères sont, à l'état larvaire, les parasites des Anobium et par ce fait très-utiles. On voit par cette proportion qu'il y a un Chalcis pour deux Anobium. Le poids d'un de ces insectes serait, à peu près, *un cinquième* de milligramme.

Sept *Silvanus surinamensis* Lin = *frumentarius* Lat., ont été trouvés dans le même bocal qui contenait environ 7 grammes des insectes ci-dessus nommés ; le rapport serait donc d'un *Silvanus* pour 3366 Anobium et 1161

Chalcis. La larve de ce coléoptère est carnassière, donc utile comme celle du Chalcis.

Malgré le grand nombre de leurs ennemis, les Anobium l'emportent encore dans la proportion de 2 pour 1 ; il serait intéressant de connaître le rapport qui existerait, après un laps de temps d'une année par exemple. C'est ce que je tenterai, si c'est possible.

Capture de *Platypsyllus Castoris* (Ritsema) sur un castor du Gardon.

Bulletin, p. LXIX. Séance du 11 octobre 1895.

Le minuscule insecte que j'ai l'honneur de vous présenter est le *Platypsyllus Castoris* Ritsema ; rarissime coléoptère qui vit en parasite dans la fourrure du castor.

Le castor qui m'a procuré la satisfaction de capturer son parasite fut tué le 8 courant, à 8 heures du matin, près le Pont-du-Gard. Cet animal était un jeune, il pesait 7 kilogrammes et mesurait, queue comprise, 80 centimètres de longueur. Ses deux poches à *castoréum* pesaient, fraiches, 13 grammes, et étaient assez odorantes.

Ce n'est que le lendemain, 9 octobre, à 10 heures du matin, c'est-à-dire 26 heures après sa mort, qu'il m'a été loisible de rechercher dans la fourrure de ce rongeur son parasite et j'ai eu l'heureuse chance de pouvoir en recueillir 20 exemplaires, dont 12 mâles et 8 femelles. Ce parasite se tient de préférence sur la tête et la partie antérieure du corps du castor.

Je l'avais déjà recherché sur deux castors du Gardon, notamment le 24 mars 1895 sur un castor que j'ai dépouillé 14 heures après sa mort ; ensuite, le 2 juillet 1895, sur le cadavre d'un autre sujet, encore chaud (il venait de mourir en gare de Nimes). Dans aucun de ces deux cas je n'avais trouvé d'insecte.

Le *Platypsyllus Castoris* a été découvert par M. van

Bemmelen, directeur du jardin zoologique de Rotterdam, sur des castors *américains* de cet établissement, dans les mois de l'année 1868, *octobre* ou *novembre* (*in litteris* Ritsema), et décrit par M. Conrad Ritsema, conservateur au Muséum d'histoire naturelle de Leyde, dans les comptes-rendus des séances de la *Société entomologique néerlandaise de 1869*, session de Zwolle, (séance du 31 juillet), et dans les *Petites nouvelles entomologiques* du 15 septembre 1869. Il ressemble à une puce aplatie et mesure de 2 à 3 millimètres de longueur. Sa place exacte dans une classification a même donné lieu à bien des discussions. On doit en fin de compte le considérer comme le représentant unique d'une famille spéciale parmi les coléoptères et voisine de la famille des Silphides.

A la fin de septembre 1883, M. A. Bonhoure le retrouva sur des castors tués sur les rives du Petit-Rhône, en Camargue (*An. Soc. entom. France 1884. p. 147, pl. 6)*. Son observation est intéressante en ce qu'elle fournit un nouveau trait d'union entre la faune d'Europe et celle de l'Amérique du Nord.

Il y a une dizaine d'années le *Plat. Castoris* a été pris à Lyon, en plusieurs exemplaires, sur un castor blessé dans le Bas-Rhône et apporté vivant dans cette ville. M. Sonthonnax, marchand naturaliste, à qui furent remis ces parasites pour la vente, n'a pu se rappeler à quelle époque de l'année lui avaient été confiés ces insectes. Il les distribua assez rapidement à plusieurs entomologistes, car cette espèce est des plus rares dans les collections et, partant, fort recherchée.

M. Siépi, préparateur du Museum d'histoire naturelle de Marseille, sur les indications de M. Valéry Mayet, de Montpellier, a capturé deux exemplaires de cet insecte sur un castor qu'il préparait pour le compte de ce naturaliste. Le rongeur avait été tué, en octobre 1888, au domaine de Beauregard, rive droite du Petit Rhône, en face du village d'Albaron (Camargue).

Il n'y a pas eu en France, à ma connaissance, d'autres captures de *Platypsyllus* que les trois précitées et celle que j'annonce aujourd'hui. Dans ces conditions, toute nouvelle capture de ce rare et curieux parasite demandait à être immédiatement signalée.

Le Bas-Rhône, le petit Rhône et le Gardon sont actuellement les seules localités de France où sont confinés les derniers castors. (1). La chasse qu'on fait à ces rongeurs en réduit journellement le nombre, et on peut prévoir leur extinction prochaine, qui amènera naturellement celle du *Platypsyllus*. Il importe donc de rechercher ce parasite sans perdre les rares occasions qu'on a de le rencontrer.

Notre collègue, M. le docteur Chobaut a recherché ce coléoptère sur un castor qui avait été tué la veille et n'en a point trouvé. L'animal provenait des environs d'Avignon et c'était vers la fin de l'hiver.

J'ai tout lieu de croire que si cet insecte est demeuré longtemps inconnu des entomologistes, — bien que le castor fut de tout temps un mammifère recherché pour les jardins zoologiques, — la cause en est à ce qu'aucun entomologiste n'a examiné un castor au moment où on le dépouillait. Ce n'est qu'après que M. Ritsema en eut donné la description, que les entomologistes, désireux de connaître ce nouveau parasite, en firent la recherche sur les sujets qu'ils pouvaient se procurer, mais sans avoir la bonne fortune d'en jamais rencontrer. Y a-t-il une époque particulière pour le rechercher ? C'est ce que de nouvelles captures pourront nous apprendre ?

---

(1) Valéry Mayet. Le Castor du Rhône. *Compte rendu du Congrès international de Zoologie*. Paris 1889. — Galien Mingaud. Note sur cinq espèces ou races de mammifères en voie d'extinction dans quelques départements du midi de la France. *Bull.* 1894, p. 44. — Nouvelle capture de castors en Camargue. Leurs mœurs actuelles. Différentes manières de les chasser. *Bull.* 1894, p. 130. — Sur un castor du Gardon. *Bull.* 1895, p. XXXIV..

Nouvelle observation de jeûne chez une Couleuvre vipérine.

Bulletin, p. LXXVI. Séance du 8 novembre 1895.

Il y a quelques mois, je relatais (*Bull.* 1894. p. LXIV), l'observation faite sur une couleuvre vipérine que j'avais privée, intentionnellement, de toute nourriture, pour connaître la durée de son endurance à la faim. Cet ophidien mourut d'inanition 370 jours après sa mise en cage (15 juillet 1893 — 20 juillet 1894).

Ayant eu l'occasion de capturer une autre couleuvre vipérine, je soumis de même celle-ci à un jeûne absolu. Enfermée dans un terrarium assez vaste pour elle, le 24 juillet 1894, je l'ai trouvée morte le 1er novembre 1895. Cette couleuvre a donc pu soutenir un jeûne de **464 jours;** soit 94 jours de plus que sa congénère. Elle avait dans sa cage une petite cuvette remplie d'eau, et prenait plaisir, l'été, à s'y baigner et à y faire de très longs séjours.

Cette couleuvre pesait, lors de son internement, 26 grammes et mesurait 44 centimètres de longueur. Morte, elle n'a plus pesé que 23 gram. 50. Elle n'a donc perdu pendant tout ce temps que 2 gram. 50.

Le 17 août, elle changea complètement de peau, et cette peau pèse 1 gram. 20.

La longueur du corps est restée la même, à quelques millimètres près.

On peut donc conclure de cette observation et de la précédente que la couleuvre vipérine peut soutenir un jeûne prolongé pendant plus d'une année.

NOUVELLE CAPTURE

DE

PLATYPSYLLUS CASTORIS (COLÉOPTÈRE)

SUR

UN AUTRE CASTOR DU GARDON

Bulletin, p. 100. Séance du 29 novembre 1895.

Je ne pensais pas avoir de sitôt l'occasion de vous annoncer une deuxième capture de *Platypsyllus castoris* Ritsema; mais, sur un castor tué le 13 novembre 1895 dans le Gardon, entre le Pont-du-Gard et le château de Saint-Privat, j'ai eu la satisfaction de recueillir quelques nouveaux exemplaires de ce rare coléoptère. (Voir *Bulletin* p. LXIX pour la première capture de *Platypsyllus castoris.*)

Ce castor, au moment où il se jetait à l'eau, fut assommé d'un coup de barre par des pêcheurs qui venaient relever leurs filets. Il était 4 heures du matin. Ces pêcheurs apportèrent à Nimes cet animal et, à 2 heures de l'après-midi, je l'examinai. C'était un bel adulte qui pesait 22 kilos et mesurait, queue comprise, 1 mètre 10 centimètres. Dépouillé immédiatement, j'en retirai les poches à castoréum qui pesèrent 215 grammes. Ce sont les plus grosses que j'ai pu observer jusqu'à présent

Une observation déjà faite, et que j'ai pu renouveler quatre fois cette année, m'a confirmé que les poches à castoréum, plates chez les castors de notre pays, ne sont presque plus odorantes, une fois sèches. La cause

***

en est, sans doute, à ce que ces animaux se nourrissent d'écorces de saules, de peupliers et autres arbres ou arbustes, qui croissent près des cours d'eau, et n'ont aucun principe aromatique. Tandis que les castors du Canada se nourrissant exclusivement d'arbres dont les écorces contiennent des résines balsamiques, ces principes aromatiques s'emmagasinent dans leurs poches à castoréum, ce qui les fait apprécier pour leurs propriétés thérapeutiques.

Le cœur de ce rongeur, débarrassé des gros vaisseaux, pesait 45 grammes. Je constatai que son œil gauche était atrophié, par suite d'un accident, et que la glande lacrymale, très-développée, avait le volume d'un gros haricot.

Cet animal a été acquis par M. S. Clément, directeur du Muséum de Nimes.

J'ai noté, cette année, 7 captures de castors, dans le Gardon, entre Remoulins, le Pont-du-Gard et le château de Saint-Privat; une le 24 mars, une le 2 juillet, une le 26 juillet, deux le 24 août, une le 8 octobre et la dernière le 13 novembre. (1)

Pour peu que la chasse de ces animaux continue ainsi leur extinction sera prochaine, non seulement pour cette rivière, mais aussi pour le delta du Rhône, en Camargue, et nous ne verrons bientôt plus figurer

(1) J'ai appris que, le 13 décembre, un bel adulte de castor, pesant 35 kilos, avait été tué sur les bords du Rhône, près le Pont-Saint-Esprit. En ce qui concerne notre département, les castors étaient assez communs, il y a 50 ans, dans cette région du Rhône: quelques uns même furent observés à l'embouchure de la Cèze. Depuis lors ils y sont devenus graduellement de plus en plus rares, à tel point qu'on peut considérer la capture du 13 décembre comme une des dernières qui pourront être faites dans cette partie du Rhône.

le castor dans notre faune départementale qu'à l'état de souvenir.

Je me demande, et je pose cette question à tous les naturalistes, s'il ne serait pas urgent de faire auprès des pouvoirs publics et des ministres compétents de pressantes démarches en vue d'obtenir leur accord et leur bienveillant appui pour sauvegarder la vie des derniers castors camarguais, ou tout au moins pour en restreindre la destruction (1).

On demanderait : au Ministre de l'Intérieur, l'adjonction d'un paragraphe spécial, à la loi sur la chasse, applicable aux départements du Gard et des Bouches-du-Rhône où sont localisés les castors et interdisant pendant quelques années de chasser ces animaux.

Ils ont toujours été pourchassés en dehors des époques où la chasse est ouverte, et l'autorité ferme les yeux, croyant voir en eux, d'après le dire des personnes qui les tuent pour le gain qu'elles en tirent, des animaux très-malfaisants.

Au Ministre de l'Instruction publique, protection d'une espèce de mammifère unique et des plus intéressantes pour la faune française que l'on pourrait, par mesure administrative, conserver au même titre que les monuments mégalithiques et historiques.

---

(1) Au commencement de ce siècle les castors n'étaient pas rares dans certains fleuves de l'Europe centrale. De nos jours, on n'en trouve plus qu'en Russie, en Allemagne et en Autriche, et là, loin de proscrire les castors, le Gouvernement a édicté des règlements sévères en leur faveur. Leurs destructeurs sont frappés de fortes amendes. Ces industrieux rongeurs, de mœurs douces, ne sont donc pas considérés comme nuisibles sur les bords du Dnieper et de son affluent le Pripet, du Volga, du Petchora, de la Vistule, de l'Oder, de l'Elbe et de son affluent la Mulde, et du Danube.

Au Ministre des Travaux publics, surveillance des rives du Gardon et du Rhône, à ce point de vue spécial, par les gardes-pêche ordinaires. On arriverait par là à cantonner ces curieux animaux et l'on s'assurerait ainsi qu'ils ne commettent pas de déprédations bien sérieuses en dehors des terrains qui leur seraient abandonnés. (1)

Je ne me fais pas d'illusions sur les nombreuses difficultés qu'il y aura à vaincre pour concilier l'intérêt scientifique qui voudrait qu'on assurât la multiplication des derniers castors français et les idées préconçues de quelques propriétaires riverains qui croient avoir eu à se plaindre, autrefois, de leurs déprédations.

Ces rongeurs sont si peu nombreux aujourd'hui, et si clairsemés qu'il me paraitrait utile aussi de dresser une carte de la région du Bas-Rhône indiquant les endroits qu'ils habitent dans le Gardon et en Camargue,

---

(1) La tête du castor était mise à prix, il y a peu d'années encore, par le Syndicat des digues du Rhône de Beaucaire à la mer, par le Petit-Rhône, qui en offrait 15 francs. En 1891, cette prime a été supprimée sur les instantes sollicitations de M. le professeur Valéry Mayet. C'est un premier succès obtenu, mais il est bien insuffisant.

On avait prétendu que les digues élevées sur les bords du Rhône, en Camargue, pour protéger les nouvelles plantations de vignes et assurer leur submersion, avaient été fouillées par des castors pour l'établissement de leurs terriers, et que leur solidité en avait été compromise en temps de crues.

En réalité ces digues, protégées à leur base *par des enrochements, sont difficilement attaquables* pour le castor qui pratique ses terriers *non dans leur masse, d'ailleurs trop souvent éloignée des eaux,* mais bien sur les bords mêmes du Rhône, dans les *ségonneaux,* c'est-à-dire dans les terrains bas, limoneux et *non cultivés,* qui séparent les digues du cours du fleuve et où croissent spontanément des saules et des peupliers.

avant la fin du XIXme siècle, pour se rendre un compte aussi exact que possible de ceux qui existent encore et de l'emplacement de leurs terriers. Ce travail serait une suite naturelle au mémoire de M. le professeur Valéry Mayet, LE CASTOR DU RHÔNE (*Compte rendu des séances du Congrès international de zoologie. Paris, 1889*, p. 58) et aux quelques notes que j'ai publiées sur le même sujet, dans notre *Bulletin* (1889, p. XXIX. 1894, p. 44 et p. 130. 1895 p XXXIV et p. LXIX).

Je reviens au *Platypsyllus castoris* Ritsema, objet de cette communication.

Lorsque je fus en présence du castor tué le 13 novembre, je m'empressai de rechercher son parasite dans sa fourrure et j'eus l'heureuse chance d'en recueillir 14 exemplaires, 8 mâles et 6 femelles.

Ces insectes étaient localisés, comme ceux pris sur le castor du 9 octobre, sur la tête et le cou, observation précédemment signalée par M. Bonhoure. Je remarquai, en outre, qu'ils étaient très-agiles, apparaissaient au sommet des poils et disparaissaient rapidement pour aller ressortir un peu plus loin. Je les ai toujours vus en mouvement.

Aucun de ceux que j'ai pris n'était retenu par les mandibules, ni à la peau, ni aux poils.

J'en ai gardé de vivants environ huit heures dans un petit tube. Ils allaient et venaient très rapidement, montant les uns sur les autres, tombant, se relevant.

Les pêcheurs me dirent que « ce castor était tellement garni de ces sortes de puces (textuel) qu'ils osaient à peine le toucher de peur qu'elles ne sautassent sur eux ».

Je n'ai pu, malgré mes minutieuses recherches, en trouver plus de quatorze! Il est juste de dire que je ne l'examinai que 10 heures après sa mort. On sait que les parasites abandonnent le corps de leur hôte dès que celui-ci se refroidit. Pourtant, sur le castor du 9 octobre, qui me parvint 26 heures après sa mort, je pris 20 *Platypsyllus.*

Jusqu'à ce jour, à ma connaissance, il n'y a eu en France que quatre personnes qui aient eu la bonne fortune de capturer des *Platypsyllus,* sur le castor du Bas-Rhône :

M. Bonhoure, fin septembre 1883.

M. Sonthonnax, il y a une dizaine d'années. Ce naturaliste n'a pu me désigner la date de l'année, ni celle du mois, mais il est probable que ce doit être en automne ou en hiver.

M Siépi, en octobre 1888.

Enfin moi, en octobre et novembre 1895.

En Europe, on en compte deux autres :

M. van Bemmelen qui fit la découverte de ce coléoptère sur des castors *canadiens* du jardin zoologique de Rotterdam, en octobre ou novembre 1868. (*In litteris* Ritsema).

M. le Dr Friedrich (1) qui, en octobre 1893, sur un castor de l'Elbe, tué depuis quelques jours en trouva une douzaine d'exemplaires. Il en fit de nouvelles captures, en novembre de la même année, et en mars 1895 sur un autre sujet trouvé mort dans les glaces de la Mulda.

M. le Dr Friedrich n'en trouva point sur un castor tué en juillet dernier. Moi-même j'en cherchai en vain sur un castor tué le 24 mars de cette année, et sur un autre tué le 2 juillet.

---

(1) Dr H. Friedrich. *Die Biber an der mittleren Elbe Nebst einem Anhange über* Platypsyllus castoris Ritsema. Mit einer Karte und 6 Abbildungen im Text. Dessau 1894.

De ces observations on peut présumer que l'automne et l'hiver sont, pour l'Europe, — Bas-Rhône et Elbe moyen, — les saisons les plus favorables, je dirai même les seules favorables pour rencontrer le *Platypsyllus castoris*. C'est donc à cette époque qu'il convient surtout de le rechercher. Je crois bon de mettre ce point en évidence, car je ne l'ai vu signalé nulle part.

Ce coléoptère, qu'il provienne des castors d'Europe ou de l'Amérique du Nord, est absolument identique. Ainsi, partout où se trouvent des castors, on doit retrouver le *Platypsyllus*, pourvu qu'on le recherche dans la saison froide — et le même *Platypsyllus* — ce qui résulte des comparaisons que j'ai pu faire entre les parasites du Rhône et du Gardon, en France, de l'Elbe, en Allemagne et du Canada, en Amérique.

La description du *Platypsyllus castoris*, en tant qu'insecte parfait, a été donnée plusieurs fois, mais l'entomologiste français devra toujours se reporter à celle de M. Bonhoure (1). Dans cet excellent travail, l'auteur donne un bon résumé de ce que l'on savait sur cet insecte et de l'intéressante discussion qui a suivi pour arriver à lui donner sa véritable place zoologique.

Les métamorphoses du *Platypsyllus castoris* sont encore peu connues. Riley et Horn en ont fait connaître la larve. Une traduction résumée du travail de Riley a paru, avec figures dans *Le Naturaliste* (1890. p. 131).

M. le Dr Friedrich (*loc. cit.* p. 43). a décrit et figuré la larve du *Platypsyllus castoris* qu'il a recueillie, en

---

(1) Alphonse Bonhoure. Note sur le *Platypsyllus castoris* Ritsema et sa capture en France, avec une planche. (*An. Soc. entom. France*. 1884. p. 147. pl. 6.)

novembre 1893, à la commissure des lèvres d'un castor.

Les dessins des larves donnés par Riley et Friedrich n'ont entre eux qu'une très vague ressemblance. La raison en est probablement que ces deux observateurs ont figuré la larve du *Platypsyllus* à des périodes différentes de son développement. Celle représentée par le Dr Friedrich semble bien moins avancée en âge que celle publiée par Riley et Horn. Cette dernière a l'apparence d'une nymphe ou mieux d'une pseudo-nymphe comparable à celle des vésicants. Elle paraît en outre avoir subi un allongement marqué dans la partie antérieure du corps, allongement dû peut-être à un séjour dans un liquide conservateur, peut-être à une pression exercée par les lamelles de verre pour l'examen microscopique.

Quoi qu'il en soit, il est curieux de constater la différence que présentent les dessins de cette larve publiés par deux observateurs différents, en des pays éloignés et à l'insu l'un de l'autre. De nouvelles observations viendront probablement montrer si l'explication que je viens de donner est suffisante pour essayer de concilier ces divergences.

M. Bonhoure suppose que la larve du *Platypsyllus* vit dans le terrier des castors, n'en ayant trouvé aucune sur le corps de ceux qu'il avait examinés. Il se peut qu'elle vive sur les poils mêmes de l'animal : ses pattes robustes, à ongle terminal développé, les poils rigides dont son corps est recouvert semblent le prouver. C'est là d'ailleurs que Riley et Horn d'abord, le Dr Friedrich ensuite l'ont trouvée. Sa présence au niveau de la commissure labiale, où l'a observée l'auteur allemand, pourrait faire supposer qu'elle se nourrit de débris alimentaires. Mais il est plus probable qu'elle vit, ou de la matière sébacée que sécrète en abondance la peau du castor et qui empêche la fourrure de cet animal de s'imbiber d'une trop grande quantité d'eau, ou de l'acarien même, qui s'alimente de ce sébum et qu'on trouve en abondance dans la fourrure du castor. Dans ce dernier cas, ce serait plutôt un auxiliaire, qu'un véritable parasite.

Quoi qu'il en soit, sa bouche étant conformée, comme celle de l'insecte parfait, pour la mastication, il est certain que la larve du *Platypsyllus*, à l'instar de celle des Catopsides, a des mœurs carnivores.

La nymphose a-t-elle lieu dans la fourrure de l'hôte ou dans le sol de sa demeure? Pour trancher la question, il faudrait connaître la nymphe, qui n'a pas encore été observée, et savoir si elle dispose ou non d'organes lui permettant de se cramponner aux poils d'une épaisse fourrure.

Pas plus que la nymphe, l'œuf n'est connu en nature. On l'a cependant observé dans l'ovaire de la femelle. Long de 0,004 de millimètre, et large de 0,002 de millimètre, il est lisse, fortement ovoïde, très-aplati des deux côtés.

On voit donc qu'il y a encore d'intéressantes recherches à faire sur la biologie de cet infime insecte.

Si j'avais eu connaissance de tous ces travaux lorsque je fus en possession de mes castors, j'aurais pu faire des recherches plus approfondies. Je me propose de les poursuivre lorsque j'aurai un nouveau castor.

Il me semble que là ou vivent en demi-domesticité des castors — ménageries ou jardins zoologiques, — il serait facile d'étudier leurs parasites avec leurs métamorphoses et leurs mœurs, bien plus facilement que sur un castor tué accidentellement, et qu'on est obligé d'examiner à la hâte.

Il est à remarquer cependant que les zoologistes distinguent deux espèces de castor : celui d'Europe (*castor fiber*) et celui de l'Amérique du Nord (*castor canadensis*). Ces deux espèces ne diffèrent entre elles que par des caractères assez minimes. L'identité de leurs parasites ne semble-t-elle pas indiquer une origine commune ? Ne plaide-t-elle pas en faveur de leur réunion ?

Je dois mentionner ici que le Dr Horn a, dans ces derniers temps, découvert, sur le castor du Canada, un coléoptère nouveau, un parasite voisin du *Platypsyllus* et du *Leptinus* de la musaraigne, auquel il a donné le nom de *Leptillinus validus*. Jusqu'à présent cet insecte n'a pas encore été trouvé sur les castors d'Europe.

Il serait à désirer que des recherches fussent faites sur les Rongeurs aquicoles et autres mammifères amphibies, pour savoir s'ils hébergent dans leur fourrure des coléoptères parasites.

Le lapin sauvage a comme parasite le *Catops depressus* Murray que l'on trouve dans ses terriers, et la musaraigne le *Leptinus testaceus* Muller, qui se rencontre aussi dans les siens.

J'ajoute que le *Catops depressus* a été pris aussi dans de la fiente de chauves-souris, près du village des Angles (Gard), dans de vieilles carrières abandonnées, et que le *Leptinus testaceus* n'est pas inféodé à la musaraigne, puisqu'il a été également rencontré dans des terriers de lapins et dans des nids de bourdons. Le rôle de ces deux coléoptères n'est pas encore bien défini, mais ils paraissent accomplir l'office de vidangeurs. Il est à présumer que, comme le *Platypsyllus* sur le castor, ils sont plutôt utiles que nuisibles.

APPLICATION

DE

L'ENTOMOLOGIE A LA MÉDECINE LÉGALE

Bulletin, p. 95. Séance du 29 novembre 1895.

M. le docteur Jules Reboul, chirurgien de l'Hôtel-Dieu, et moi, fûmes commis par M. Teissier, juge d'instruction près le Tribunal de première instance de Nimes, à la date du 4 septembre 1895, à l'effet de :

« *A*, procéder à l'examen, 1° des restes d'un fœtus,
» trouvé à S., quartier de la C., enfoui depuis le 8 juil-
» let dernier; 2° du linge qui enveloppait le fœtus, et
» 3° de la terre ambiante qui les contenait;

» *B*, et de rechercher : si ces restes peuvent être
» ceux d'un fœtus de 4 à 5 mois; si le linge porte des
» taches et de quelle nature, et si l'évolution des
» insectes, contenus dans cette terre, concorde avec
» le laps de temps écoulé depuis l'enfouissement
» jusqu'à la mise au jour du cadavre. »

M. le docteur J. Reboul s'étant chargé de procéder à l'examen des restes du fœtus pour en déterminer l'âge, ainsi qu'à l'examen microscopique du linge qui l'enveloppait, je n'ai eu pour ma part qu'à étudier la terre et le linge qui entouraient les ossements du fœtus pour rechercher et déterminer les insectes qu'ils renfermaient.

Voici le Rapport que nous avons rédigé en prenant pour guide : *La Faune des cadavres* [1] de M. Mégnin.

---

(1) Un vol. petit in-8°, 214 pages et 28 figures. Paris 1894. *Encyclopédie scientifique des Aide-Mémoire*, de Léauté.

Examen de la terre et du linge qui entouraient les restes du fœtus et des insectes qu'ils renfermaient.

La terre que nous avons eue à examiner est meuble, et prise dans un terrain complanté en pins *(Pinus halepensis* Mill.); elle renfermait des feuilles (aiguilles) de ce végétal ainsi que des chatons.

Les insectes sont peu nombreux en espèces sur les cadavres *enterrés*, surtout quand, comme dans le cas actuel, on a affaire à un très-jeune fœtus dont les tissus et organes se sont décomposés rapidement grâce aux micro-organismes qui se développent pendant la putréfaction.

On sait d'ailleurs, d'après les patients travaux de M. P. Mégnin, que *les travailleurs de la mort* ne suivent pas les mêmes phases sur les cadavres *enterrés* d'âges différents, et ne sont souvent pas les mêmes que ceux des cadavres à *l'air libre*.

Toutes les *escouades* des travailleurs de la mort, classées au nombre de *huit* par M. Mégnin, ne se rencontrent pas simultanément sur le même cadavre; elles se succèdent dans un ordre déterminé et avec une rapidité qui dépend beaucoup des conditions du milieu et des influences atmosphériques.

A ce sujet, disons que tout le temps que le fœtus est resté en terre, il n'a plu que dans la journée du 11 août.

La putréfaction a donc pu se faire très-rapidement, activée par cette sécheresse et par la grande chaleur des mois de juillet et d'août.

1° Nous avons trouvé quelques coques vides de nymphes de la Mouche dorée (*Lucilia Cœsar* Lin.). — 2me *escouade* de M. Mégnin (*Loc. cit.* p. 33).

Ces coques indiquent qu'il s'est écoulé un mois depuis l'enfouissement du petit cadavre. C'est environ le laps de temps que mettent ces mouches pour opérer leur évolution complète de l'état d'œuf à celui d'insecte parfait.

Il n'y a pas de doute pour nous qu'une femelle de mouche dorée attirée, par l'odeur cadavérique, n'ait pondu ses œufs sur le petit fœtus avant son inhumation, de sorte que ces insectes ont opéré leurs métamorphoses sous terre.

2° Lorsque nous avons déployé le morceau de toile qui enveloppait les petits ossements, une nuée de petits moucherons se sont envolés. Nous avons pu en capturer quelques-uns et reconnaître des *Phora*. — 5me *escouade* de M. Mégnin (*Loc. cit.* p. 59).

De nombreuses nymphes trouvées adhérentes à la toile et mises en tubes, nous ont donné, dès le lendemain et jours suivants, une éclosion de quatre espèces de *Phora*: *P. incrassata* Meigen, *P. nigra* Meigen, *P. pusilla* Meigen et une espèce nouvelle que M. Mégnin va décrire sous le nom de *P. Mingaudi* Mégnin.

Nous devons à l'obligeance de ce savant spécialiste la détermination de ces insectes.

Ces diptères n'avaient pas encore été signalés comme se trouvant sur des cadavres humains. Ils vivent habituellement, à l'état de larves, dans des matières animales ou végétales en décomposition. Dans la région de Paris, c'est la *Phora aterrima* Latr. que M. Mégnin a toujours trouvée en abondance.

Ce qu'il y a d'important à noter c'est la rapidité avec laquelle les *Phora* ont envahi ce fœtus de quatre à cinq mois.

Les femelles des *Phora*, attirées par les émanations cadavériques, ont pondu leurs œufs à la surface du sol et les larves qui sont écloses de ces œufs, guidées par leur instinct, ont traversé la couche de terre qui les séparait du cadavre.

Ces insectes ne viennent sur les cadavres que : « lorsqu'aux fermentations butyriques et caséiques » succède une fermentation ammoniacale composite » sous l'influence de laquelle se produit une liquéfac- » tion noirâtre des matières animales qui n'ont » pas été consommées par les travailleurs des pré- » cédentes escouades. » (Mégnin, *loc. cit.* p. 55).

Chez les jeunes cadavres *enterrés*, comme dans le cas qui nous occupe, les phases de la décomposition sont plus courtes.

M. Mégnin fait remarquer (*loc. cit.* p. 209) que l'absence d'autres escouades, — *1re, 3me et 4me*, — est due, pour les cadavres *inhumés*, à bien des circonstances qui ne se rencontrent pas pour les cadavres exposés à *l'air libre*. Les documents qu'on possède ne sont pas encore assez complets pour en expliquer actuellement la cause.

En résumé, en examinant la terre à la loupe et en la passant à des cribles de différentes mailles, nous n'avons rencontré que cinq espèces de diptères, dont *quatre sont nouvelles* pour la faune des cadavres.

1. *Lucilia Cœsar* Lin.
2. *Phora incrassata* Meigen.
3. » *nigra* Meigen.
4. » *pusilla* Meigen.
5. » *Mingaudi* Mégnin.

Nous avons aussi trouvé un cloporte, un minuscule ichneumon (hyménoptère), probablement parasite des *Phora*, des fourmis, un abdomen d'*Otiorhynchus meridionalis* (coléoptère) et quelques petits mollusques.

Tous, insectes et mollusques, dénotent très-bien une faune rurale, mais sans rapport avec la présence du cadavre, et ne se trouvaient là que fortuitement, sauf, probablement, le petit Ichneumonide inféodé aux diptères du genre *Phora*.

CONCLUSION

1. L'évolution successive des insectes, que nous avons trouvés dans le linge et la terre qui entouraient les ossements du petit fœtus, a été d'une durée de 30 jours environ pour la Mouche dorée (*Lucilia Cœsar* Lin) et de 25 à 30 jours pour les *Phora* ; en somme environ *60 jours*, puisqu'il s'agit ici de deux escouades qui n'ont pas vécu simultanément, mais bien l'une après l'autre.

2. La durée de l'évolution de ces insectes concorde parfaitement avec le laps de temps écoulé depuis l'inhumation du fœtus — 8 juillet — jusqu'à son exhumation — 3 septembre, — soit *58 jours*.

DU MÊME AUTEUR (*suite*).

Noms de savants, nés dans le département du Gard, à donner à des rues de Nimes. (*Bull. Soc. Étude sc. nat. Nimes*, 1894 p. XXVII).

Nouvelle localité du Scorpion roussâtre dans le Gard. (*Bull. Soc. Etude sc. nat. Nimes*. 1894. p. XXXII).

Jeûne d'une couleuvre vipérine (*Bull. Soc. Étude. sc. nat. Nimes*. 1894. p. LXIV).

Coléoptères nuisibles aux plantations de pins (*Bull. Soc. Étude sc. nat. Nimes*. 1894. p. LXXII).

Note sur deux monstruosités. Poussin et agneau (*Bull. Soc. Étude sc. nat. Nimes*. 1894 p. XCV).

Note sur cinq espèces ou races de mammifères en voie d'extinction dans quelques départements du midi de la France. (*Bull. Soc. Étude sc. nat. Nimes*, 1894. p. 42).

Mœurs et métamorphoses de la *Saga serrata* (*Bull. Soc. Etude. sc. nat. Nimes*. 1894. p. 124).

Nouvelle capture de Castors en Camargue. Leurs mœurs actuelles. Différentes manières de les chasser. (*Bull. Soc. Étude sc. nat. Nimes*. 1894. p. 130).

La reproduction de la Genette de France. (*Bull. Soc. Étude sc. nat. Nimes*. 1894. p. 136).

Sur un Castor du Gardon. (*Bull. Soc. Etude. sc. nat. Nimes*. 1895, p. XXXIV),

Le Muséum d'histoire naturelle de Nimes. *Revue Scientifique*. Tome IV. p. 220. (numéro 7, 17 août 1895).

Le préhistorique au Muséum d'histoire naturelle de Nimes. *La Nature*. p. 125. (numéro 1160, 24 août 1895).

Dégâts occasionnés par l'*Anobiun paniceum* Lin. (*Bull. Soc. Étude sc. nat. Nimes*. 1895. p. LXVI).

Capture de *Platypsyllus castoris* (Ritsema) sur un castor du Gardon (*Bull. Soc. Étude sc. nat. Nimes*. 1895. p. LXIX).

Application de l'Entomologie à la médecine légale. (*Bull. Soc. Etude. sc. nat. Nimes*. 1895. p. 95).

Nouvelle observation de jeûne chez une couleuvre vipérine. (*Bull. Soc. sc. nat. Nimes*. 1895. p. LXXVI et *Revue Scientifique*, novembre 1895).

Nouvelle capture de *Platypsyllus castoris* (Ritsema) sur un autre castor du Gardon. (*Bull. Soc. Étude sc. nat. Nimes*. 1895. p. 100).

Nimes, imp. Vve Laporte, ruelle des Saintes-Maries, 7. — 1145

www.ingramcontent.com/pod-product-compliance
Lightning Source LLC
LaVergne TN
LVHW010255230826
846091LV00007B/2991

* 9 7 8 2 3 2 9 6 3 0 1 2 0 *